AMÉRICAS – Político

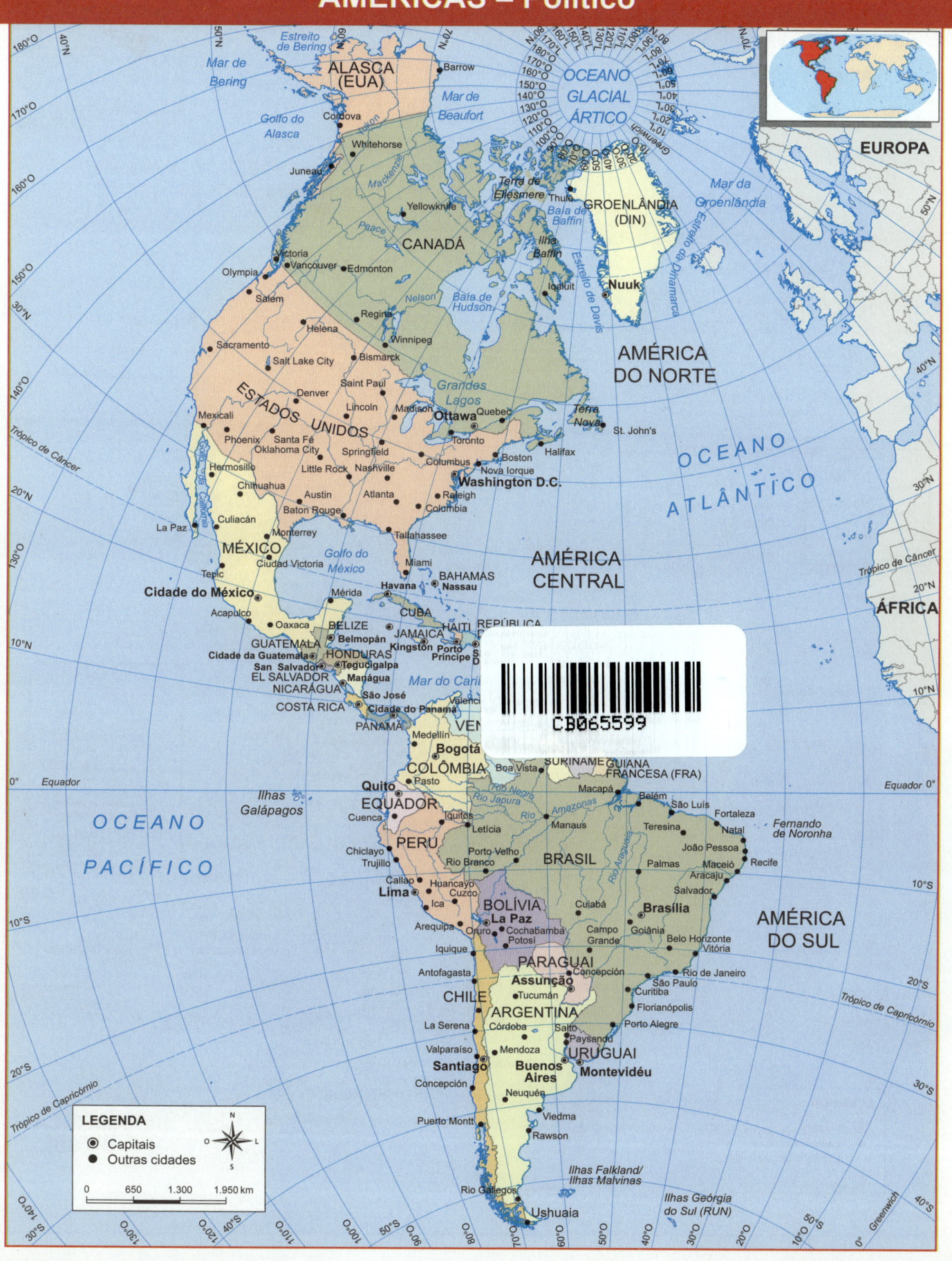

AMÉRICA DO NORTE E AMÉRICA CENTRAL – Político

(Mapa político da América do Norte e América Central)

LEGENDA
- ⊙ Capital
- • Sede municipal
- — Limite internacional

Projeção Cônica de Lambert

Escala: 0 — 800 — 1.600 km

AMÉRICA DO NORTE E AMÉRICA CENTRAL – Físico

AMÉRICA DO SUL – Político

AMÉRICA DO SUL – Físico

EUROPA – Político

EUROPA – Físico

ÁSIA – Político

LEGENDA
- ⊙ Capital
- • Sede municipal
- — Limite internacional

Projeção Cônica de Lambert

0 — 1.200 — 2.400 km

ÁSIA – Físico

ÁFRICA – Político

ÁFRICA – Físico

OCEANIA – Político

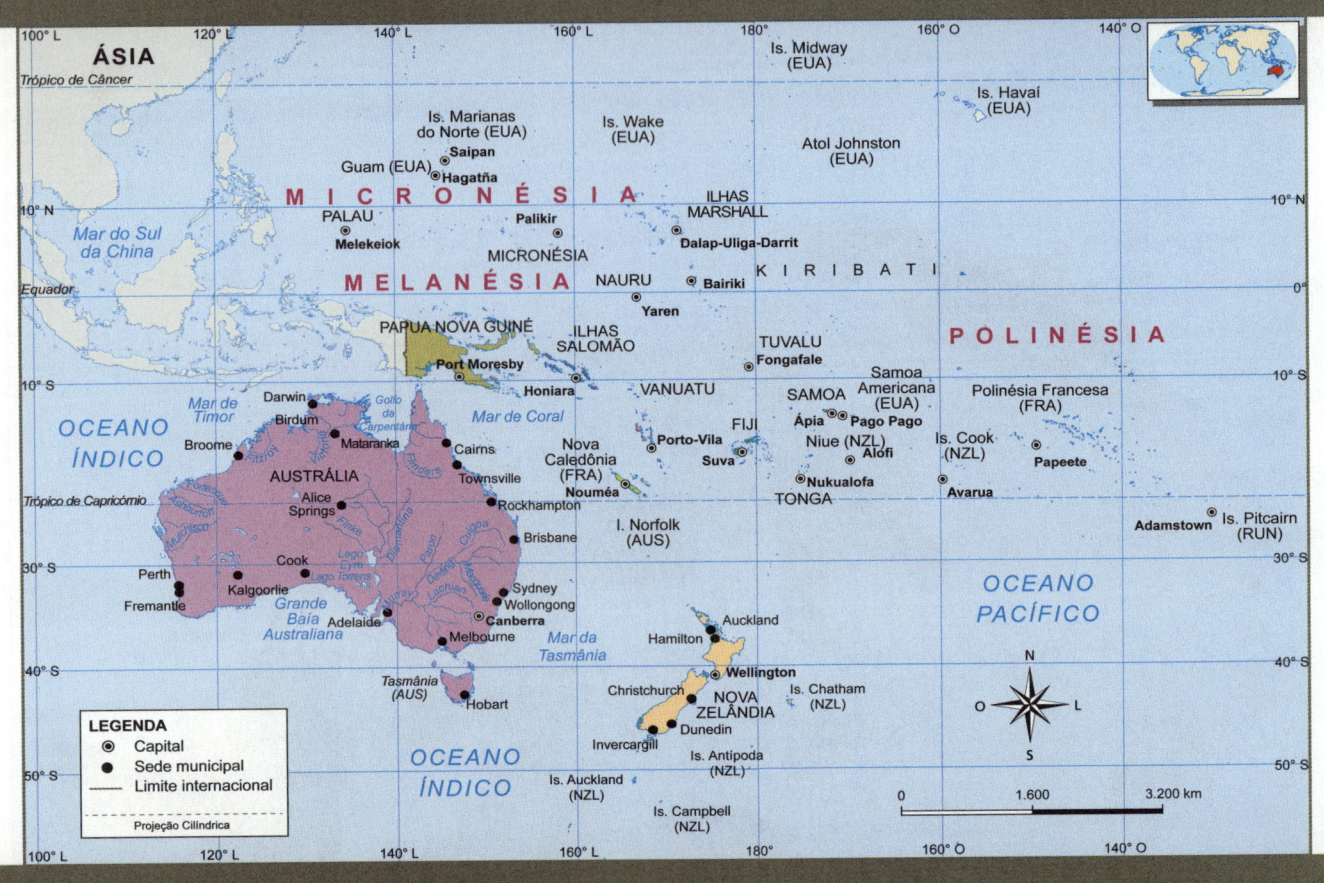

OCEANIA – Físico

ANTÁRTICA – POLO SUL

POLO NORTE – Calota Polar Ártica

OCEANO PACÍFICO

LEGENDA
— Limite Internacional de Datas
--- Projeção de Mercator

PLANISFÉRIO – Político

PLANISFÉRIO – Político

(Mapa político do planisfério mostrando a parte oriental: Europa, Ásia, África, Oceania e Antártica)

Coordenadas: 30°, 60°, 90°, 120°, 150°, 180°

Oceanos e marcos geográficos:
- OCEANO GLACIAL ÁRTICO
- OCEANO PACÍFICO
- OCEANO ÍNDICO
- OCEANO GLACIAL ANTÁRTICO
- Mar Mediterrâneo, Mar Negro, Mar Cáspio, Mar Vermelho, Mar de Okhotsk, Mar de Bering
- Círculo Polar Ártico
- Trópico de Câncer
- Equador
- Trópico de Capricórnio
- Círculo Polar Antártico

Países (Europa): NORUEGA, SUÉCIA, FINLÂNDIA, DINAMARCA, ALEMANHA, ESTÔNIA, LETÔNIA, LITUÂNIA, RÚSSIA, POLÔNIA, BELARUS, UCRÂNIA, MOLDÁVIA, ROMÊNIA, BULGÁRIA, ITÁLIA, GRÉCIA, TURQUIA, CHIPRE

Países (Ásia): RÚSSIA, CAZAQUISTÃO, UZBEQUISTÃO, TURCOMENISTÃO, QUIRGUISTÃO, TADJIQUISTÃO, SÍRIA, IRAQUE, KUWEIT, IRÃ, AFEGANISTÃO, PAQUISTÃO, ARÁBIA SAUDITA, OMÃ, IÊMEN, MONGÓLIA, CHINA, COREIA DO NORTE, COREIA DO SUL, JAPÃO, NEPAL, BUTÃO, BANGLADESH, ÍNDIA, MIANMAR, TAIWAN, VIETNÃ, LAOS, TAILÂNDIA, CAMBOJA, FILIPINAS, BRUNEI, MALÁSIA, CINGAPURA, INDONÉSIA, TIMOR-LESTE, SRI LANKA (CEILÃO)

Países (África): LÍBIA, EGITO, NÍGER, CHADE, SUDÃO, SUDÃO DO SUL, ERITREIA, DJIBUTI, SOMÁLIA, ETIÓPIA, REP. CENTRO-AFRICANA, NIGÉRIA, CAMARÕES, CONGO, GABÃO, REP. DEMOCRÁTICA DO CONGO, UGANDA, QUÊNIA, RUANDA, BURUNDI, TANZÂNIA, ANGOLA, MALAUÍ, ZÂMBIA, MOÇAMBIQUE, ZIMBÁBUE, MADAGÁSCAR, NAMÍBIA, BOTSUANA, SUAZILÂNDIA, LESOTO, ÁFRICA DO SUL

Oceania: AUSTRÁLIA, NOVA ZELÂNDIA, PAPUA NOVA GUINÉ

Ilhas: Spitsbergen (NOR), Is. Marianas do Norte, Is. Guam (EUA), Is. Marshall, I. Palau, Is. Micronésia, I. Nauru, Is. Salomão, Is. Tuvalu, Is. Vanuatu, Is. Nova Caledônia (FRA), Is. Fiji, Is. Maldivas, Seichelles, Is. Comores, I. Christmas, Is. Cocos, I. Kerguelen (FRA), I. Príncipe Eduardo, Is. McDonald

ANTÁRTICA

Escala: 0 – 1.800 – 3.600 km
Projeção de Robinson

2 – ORIENTE MÉDIO

GEÓRGIA, ARMÊNIA, AZERBAIDJÃO, CAZAQUISTÃO, UZBEQUISTÃO, TURCOMENISTÃO, TURQUIA, LÍBANO, SÍRIA, IRAQUE, IRÃ, AFEGANISTÃO, ISRAEL, JORDÂNIA, KUWEIT, ARÁBIA SAUDITA, BAREIN, CATAR, EMIRADOS ÁRABES UNIDOS, OMÃ, IÊMEN, ÁFRICA, Mar Vermelho, Mar Cáspio, OCEANO ÍNDICO

17

PLANISFÉRIO – Climas

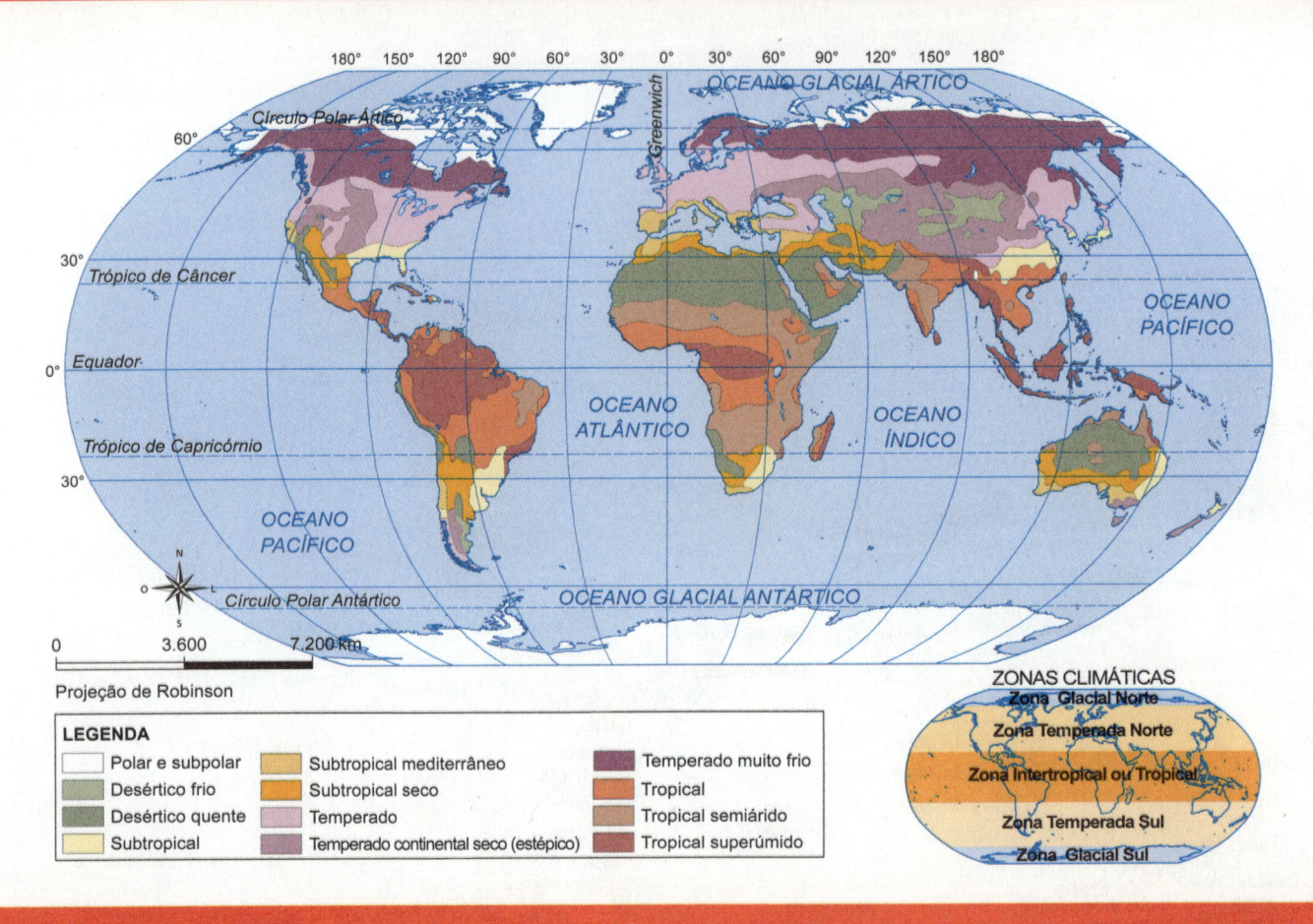

LEGENDA
- Polar e subpolar
- Desértico frio
- Desértico quente
- Subtropical
- Subtropical mediterrâneo
- Subtropical seco
- Temperado
- Temperado continental seco (estépico)
- Temperado muito frio
- Tropical
- Tropical semiárido
- Tropical superúmido

Projeção de Robinson

ZONAS CLIMÁTICAS
- Zona Glacial Norte
- Zona Temperada Norte
- Zona Intertropical ou Tropical
- Zona Temperada Sul
- Zona Glacial Sul

PLANISFÉRIO – Físico

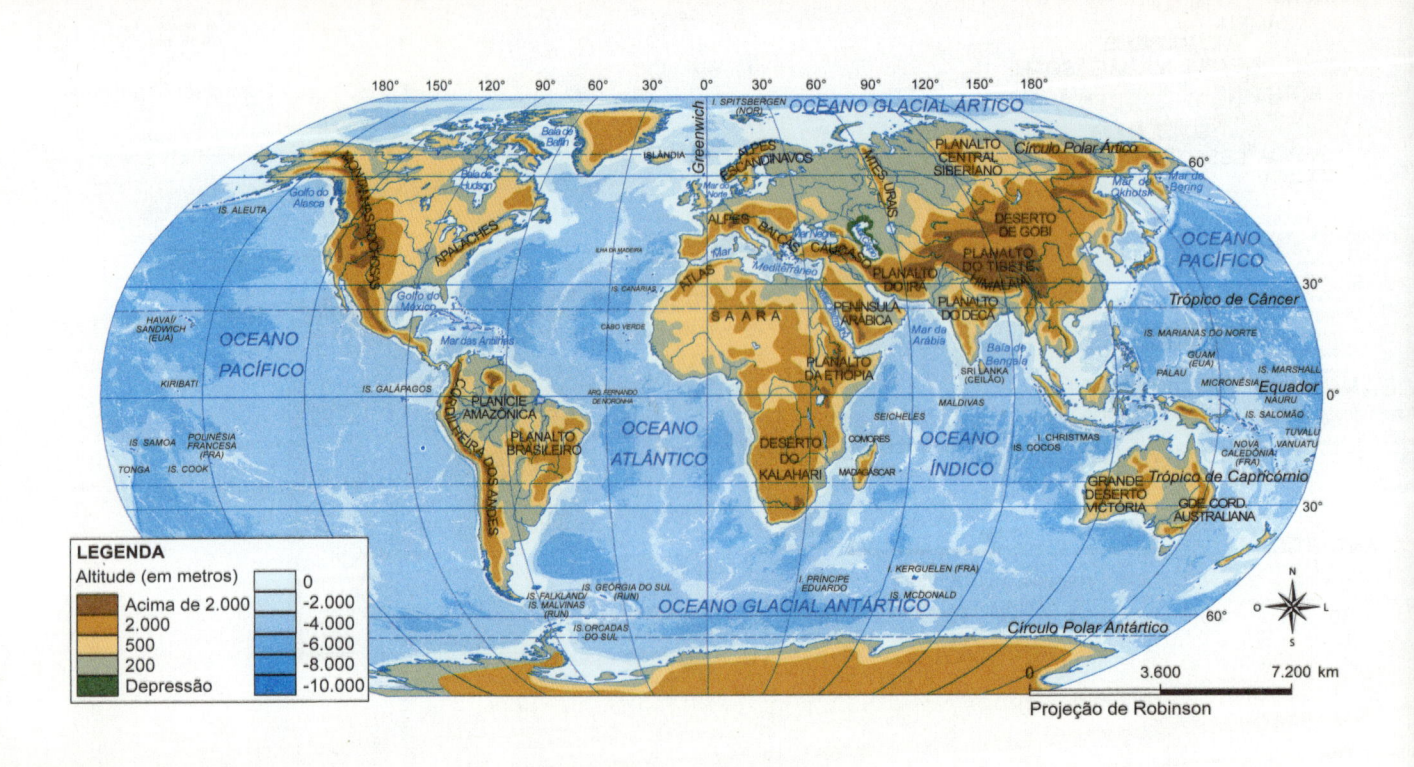

LEGENDA
Altitude (em metros)
- Acima de 2.000
- 2.000
- 500
- 200
- Depressão
- 0
- -2.000
- -4.000
- -6.000
- -8.000
- -10.000

Projeção de Robinson

PLANISFÉRIO – Vegetação

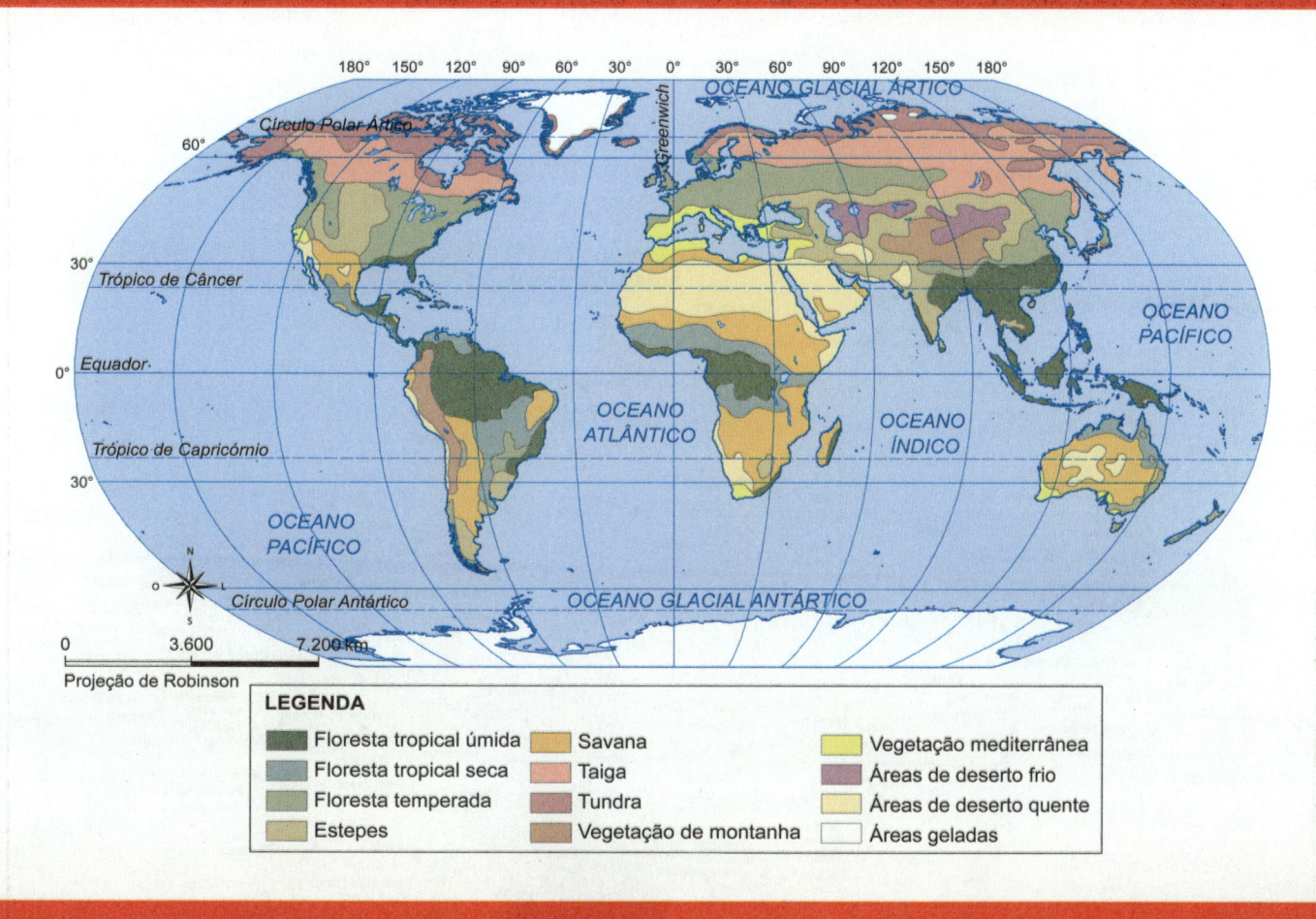

LEGENDA
- Floresta tropical úmida
- Floresta tropical seca
- Floresta temperada
- Estepes
- Savana
- Taiga
- Tundra
- Vegetação de montanha
- Vegetação mediterrânea
- Áreas de deserto frio
- Áreas de deserto quente
- Áreas geladas

Projeção de Robinson

PLANISFÉRIO – Correntes Marítimas

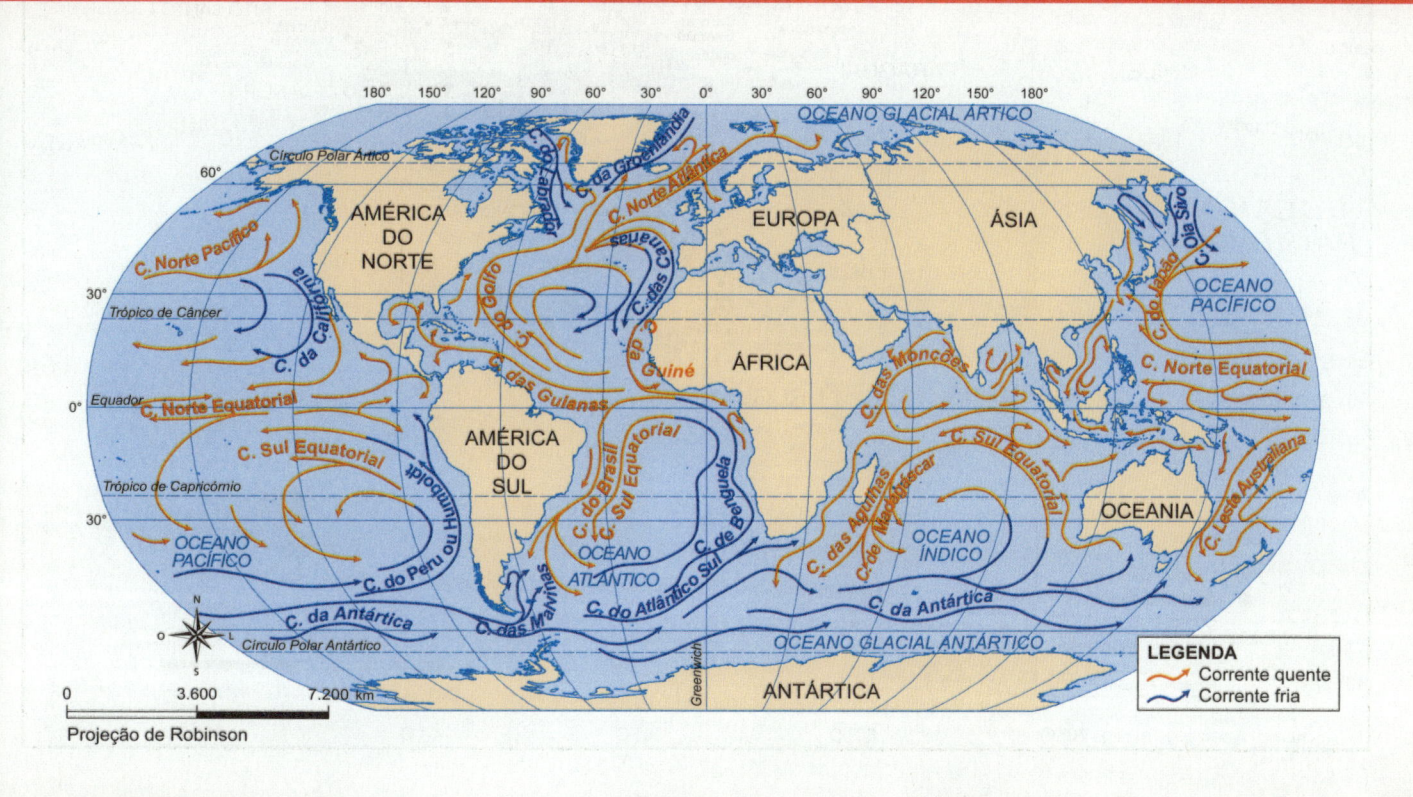

LEGENDA
- Corrente quente
- Corrente fria

Projeção de Robinson

BRASIL – Político

BRASIL – Físico

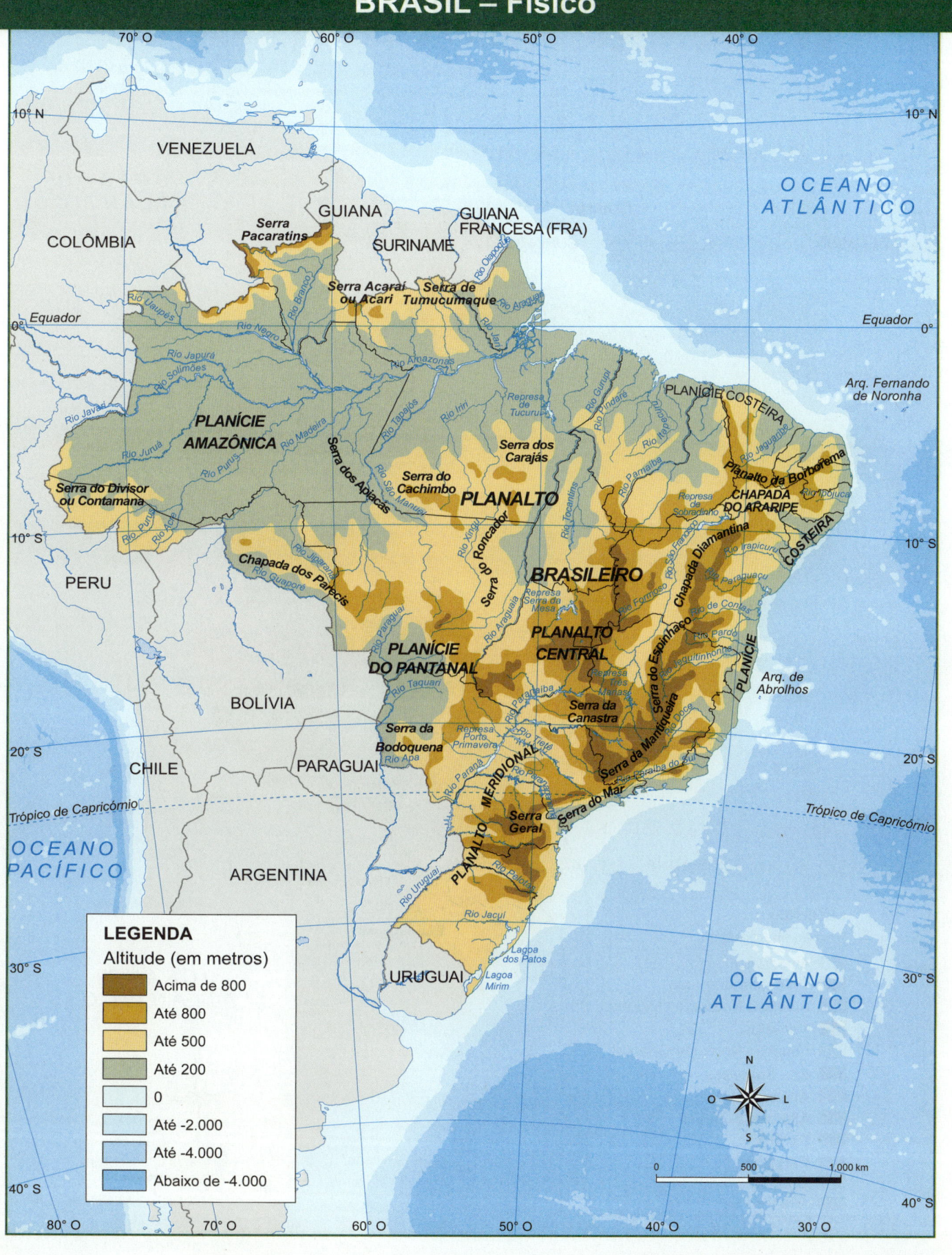

BRASIL – Bacias Hidrográficas

LEGENDA
Região Hidrográfica
- Amazônica
- Tocantins-Araguaia
- Atlântico Nordeste Ocidental
- Parnaíba
- Atlântico Nordeste Oriental
- São Francisco
- Atlântico Leste
- Atlântico Sudeste
- Paraná
- Paraguai
- Uruguai
- Atlântico Sul

BRASIL – Vegetação Atual

LEGENDA
- Cerrado
- Caatinga
- Vegetação com influências marinha, fluviomarinha e fluvial
- Floresta de Araucária
- Floresta Tropical Pluvial
- Floresta Ombrófila Aberta
- Floresta Estacional Decidual
- Floresta Estacional Semidecidual
- Campos
- Áreas de Transição
- Campinarana
- Áreas devastadas

BRASIL – Temperaturas

LEGENDA

Quente (média > 18°C em todos os meses do ano)
- Superúmido sem seca/subseca
- Úmido com 1 a 3 meses secos
- Semiúmido com 4 a 5 meses secos
- Semiárido com 6 a 8 meses secos
- Semiárido com 9 a 11 meses secos

Subquente (média entre 15°C e 18°C em pelo menos um mês)
- Superúmido sem seca/subseca
- Úmido com 1 a 3 meses secos
- Semiúmido com 4 a 5 meses secos

Mesotérmico Brando (média entre 10°C e 15°C)
- Superúmido sem seca/subseca
- Úmido com 1 a 3 meses secos
- Semiúmido com 4 a 5 meses secos

Mesotérmico Mediano (média < 10°C)
- Úmido com 1 a 3 meses secos

BRASIL – Chuvas

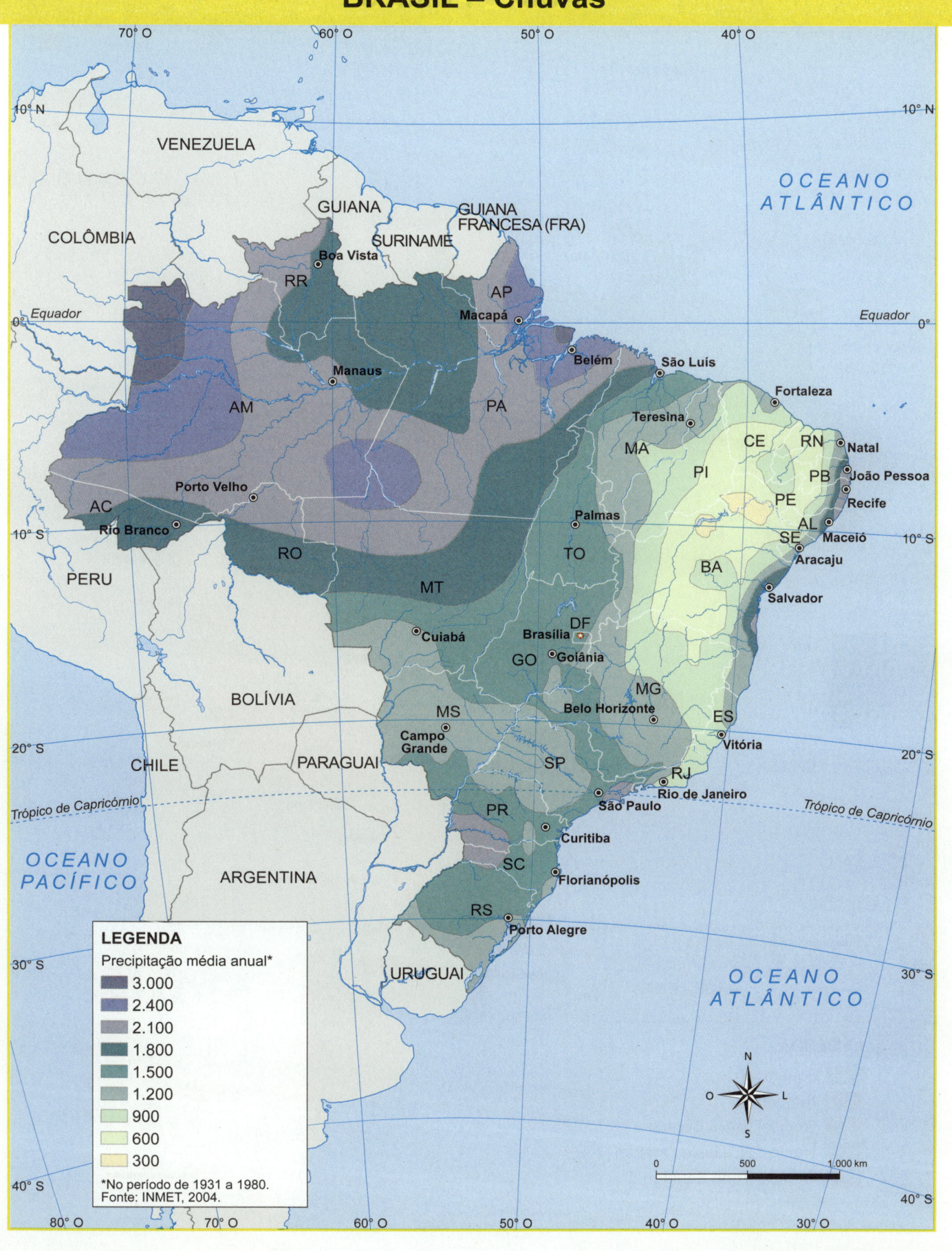

LEGENDA

Precipitação média anual*

- 3.000
- 2.400
- 2.100
- 1.800
- 1.500
- 1.200
- 900
- 600
- 300

*No período de 1931 a 1980.
Fonte: INMET, 2004.

25

BRASIL – Climas

LEGENDA
- Equatorial
- Temperado
- Tropical Brasil Central
- Tropical Nordeste Oriental
- Tropical Zona Equatorial

BRASIL – População

LEGENDA
Habitantes por km²
- Menos de 1
- De 1 a 10
- De 10 a 25
- De 25 a 100
- Acima de 100

27

BRASIL – REGIÃO NORTE – Político

LEGENDA
- ◉ Capitais
- • Sedes municipais
- Limite estadual
- Limite internacional
- ～ Rios
- Projeção Policônica

Escala: 0 – 320 – 640 km

BRASIL – REGIÃO NORDESTE – Político

LEGENDA
- ⊙ Capitais
- • Sedes municipais
- — Limite estadual
- — Limite internacional
- ～ Rios
- - - Projeção Policônica

BRASIL – REGIÃO SUDESTE – Político

BRASIL – REGIÃO CENTRO-OESTE – Político

MATO GROSSO
Colniza, Apiacás, Cotriguaçu, Alta Floresta, Guarantã do Norte, Aripuanã, Juara, Colíder, Santa Terezinha, São José do Xingu, Juína, Brasnorte, Sinop, União do Sul, São Félix do Araguaia, Tapurah, Sorriso, Feliz Natal, Querência, Sapezal, Gaúcha do Norte, Canarana, Campo Novo do Parecis, Lucas do Rio Verde, Comodoro, Campos de Júlio, Nobres, Nova Xavantina, Nova Lacerda, Tangará da Serra, Barra do Bugres, **Cuiabá**, Pontes e Lacerda, Várzea Grande, São José da Serra, Barra do Garças, Cáceres, Poconé, Rondonópolis, Guiratinga, Alto Araguaia, Alto Taquari

MATO GROSSO DO SUL
Paiaguás, Promissão, Coxim, Corumbá, Rio Negro, Chapadão do Sul, Camapuã, Paranaíba, Corguinho, Inocência, Água Clara, Aquidauana, Sidrolândia, **Campo Grande**, Três Lagoas, Bonito, Bataguassu, Porto Murtinho, Maracaju, Rio Brilhante, Bela Vista, Dourados, Nova Andradina, Ponta Porã, Naviraí, Amambaí, Sete Quedas, Mundo Novo

GOIÁS
São Miguel do Araguaia, Minaçu, Divinópolis de Goiás, Porangatu, Mozarlândia, Posse, Niquelândia, Águas Lindas de Goiás, Planaltina, **Brasília** (DISTRITO FEDERAL), Aragarças, Anápolis, Valparaíso de Goiás, Baliza, Iporá, Trindade, **Goiânia**, Caiapônia, Santa Helena de Goiás, Aparecida de Goiânia, Mineiros, Rio Verde, Caldas Novas, Pires do Rio, Catalão, Jataí, Goiatuba, Itumbiara, Quirinópolis, Aporé

Rios
Rio Teles Pires ou São Manuel, Rio Juruena, Rio Arinos, Rio Xingu, Rio Cuiabá, Rio das Mortes, Rio Araguaia, Rio das Almas, Rio Piquiri ou Itiquira, Rio Taquari, Rio Paraná

Represas
Represa Serra da Mesa, Represa de São Simão, Represa de Emborcação, Represa de Ilha Solteira, Represa de Porto Primavera

Limites
AMAZONAS, PARÁ, MARANHÃO, TOCANTINS, BAHIA, MINAS GERAIS, SÃO PAULO, PARANÁ, PARAGUAI, BOLÍVIA, RONDÔNIA

Trópico de Capricórnio

OCEANO ATLÂNTICO

LEGENDA
- ✪ Capital do país
- ⊙ Capitais
- • Sedes municipais
- Limite estadual
- Limite internacional
- Rios
- Projeção Policônica

0 — 180 — 360 km

BRASIL – REGIÃO SUL – Político